U0199156

欧式典藏系列

EUROPEAN 欧式样板房
European Showflat CLASSIC

解 读 经 典 品 味 欧 式

中国林业出版社
China Forestry Publishing House

Contents

西山艺境 13#
Xishan Life_13
设计师：连志明

项目名称：北京西山艺境 13# 楼联排样板间

项目地点：北京市

项目面积：502 平方米

作为北京城西一处面向海淀大学城和中关村高新人才的高档楼盘。我们将客户设定为有国际教育背景和有海外生活经验的客户群体。

作为联排边户，此户型有一个优秀的特点，即三面采光，大花园具有略带时尚感的英伦风格，贴切地表达了此空间的属性。深色的木饰面样板与较为中性色彩的跳色，让此空间又不失价值感与文化感。

设计师将客厅、餐厅与庭院充分的视觉互通性与借景。将原内中庭改为挑室餐厅与 3 层步入式更衣间，让业主得到更多的实惠。

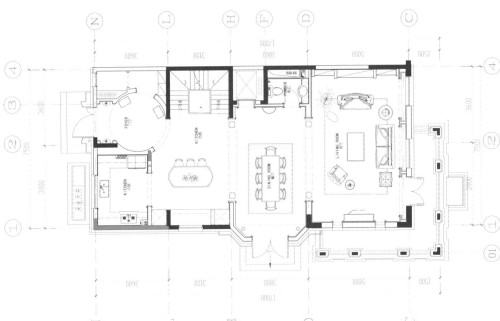

平面布置图

建邦原香溪谷
Jinan Jianbang Yuanxiangxigu
设计师：岳蒙

项目名称：济南二期 301 户型样板间

项目地点：山东省济南市

项目面积：200 平方米

主要材料：科勒卫浴、天堂鸟理石、木地板

本案摈弃同类产品奢华高调风格，以拟人化手法为前提，围绕虚拟人物的生活状态，利用现代手法对作品进行诠释。

此物业远离都市市中心的繁华喧闹，作品总色调与周围环境相互呼应，室内室外浑然一体。采用挑空设计，使空间更显通透。采用全乳胶漆设计，摈弃目前流行的装饰材料。

平面布置图

西山艺境
Xishan Life
设计师：连孜明

项目名称：北京西山艺境 13# 叠拼下跃样板间
项目地点：北京市
项目面积：361 平方米
摄 影 师：欧雅壁纸、马可波罗瓷砖、书香门第
拼花木地板

作为北京西一处面向中关村，高新区海淀大学城的高档楼盘，我们将客户设定为有国际教育背景和有海外生活经验的客户群体。有海外生活经验的客户群体以及具有法国风情的小区建筑与景观环境使得此套样板间选择具有中国人生活习惯的空间与色彩属性较强的法式风格。

将洋房设计成别墅是此样板间的空间设计重点，地下室为类似私人会所与家庭娱乐室功能完美结合。餐厅与客厅西厨浑然一体，空间相互借用，书房、更衣室、主卫、主卧动线合理，让此只有 300 平米的空间充满视觉的层次感。

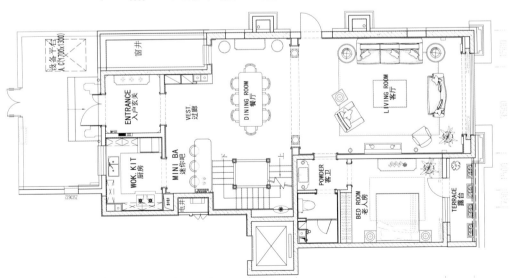

平面布置图

第六都楼王样板房
The Biggest Showflat in The Sixth City

设计单位：陈志斌设计事务所　设计师：陈志斌

项目地点：长沙市第六都

项目面积：300平方米

摄　　影：吴辉

主要材料：墙纸、软包、爵士白石材、艺术玻璃

本案为第六都楼王样板，体现现代奢华风格。以现代手法充分演绎整体空间的品质感。

墙面以石材和软包对比，顶部叠级天花用简洁的线条表现，配以不落俗套的挂饰和家具，把现代感和高贵感全面呈现。运用硬朗的物料和明快的色调，迸发出赏心悦目的神采。纯洁的质地、精细的工艺配以几何图形的现代版画，显示出奢华的现代感。

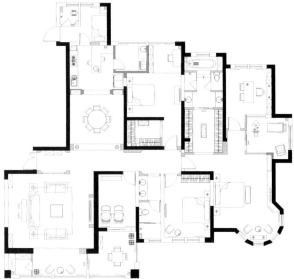

平面布置图

神农养生城
SHENNONG YANGSHENG Villa

设计师：谢剑华

项目名称：株洲神农养生城 B 型别墅样板间

项目地点：湖南省株洲市

项目面积：600 平方米

主要材料：环球石材、CK 床品

本案为房地产项目的样板间。设定的生活主角为儒雅谦卑的君子。他是一名艺术家，但决非放浪不羁。他热爱家庭生活，执着装饰细节，勤于自我学习。他希望家拥有绝对的归属感，而不是媚俗浮夸的广告载体。

功能上，他为爱妻准备了精致的 SPA，为好友提供了品尝茶茗，红酒的私厨空间。为家人打造了设施完善的桑拿、泳池。同时，他特意设置了对孩子们进行艺术教育的的绘画、陶艺工作室。由此可见他是名君子。因此，我们用象征君子的梅、兰、竹、菊来阐述这所家居的设计特质。

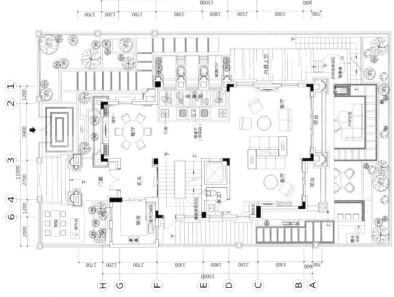

一层平面布置图

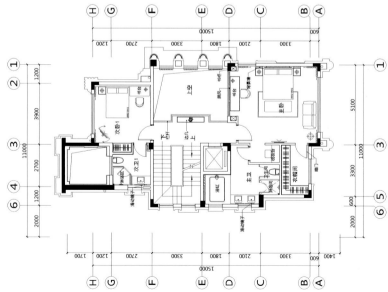

一层平面布置图

中山远洋样板房
Zhongshan Ocean Showflat

设计师：向凯

项目名称： 中山远洋 A12 区样板房

项目地点： 广东省中山市

项目面积：200 平方米

本户型格局大气，采光通透，设计师力求打造大户人家书香气质，体现地域文化中独特的香山文化对中山人思想格局的影响。

客厅与餐厅南北通透，玄关与走廊的垂直设置，感受厅廊厢房的气派布局，充分感受到新时期中山人精神"博爱、创新、包容、和谐"，凝练了香山人文历史丰厚底蕴和建设现代文明不懈追求的双重意念，是香山文化的一种现代诠释。雅致的灰白色云石给空间润色打底，蓝色绸质软包、钛金线条修饰、素雅壁纸、简欧线条圆边……一幅动人的香山居家写意画卷生动呈现。

平面布置图

绿城兰园
ORCHID GARDEN

设计单位：浙江绿城家居发展有限公司　设计师：陈继周

项目地点：浙江省杭州市

项目面积：90平方米

摄 影 师：陆柯群

　　本案位为城市中心地带精致小巧的90平方米户型，设计风格为时尚法式，是现代都市年轻人梦寐的栖身之处。

　　值得一提的是，作品在主题元素的运用上，选用了"花"为主题。整个空间仿佛在诉说一个关于"花"的故事。

　　在空间布局上，每一寸空间都应该发挥作用，进门玄关做了收纳空间，美观又实用，餐厅选用了更加实用的圆桌，足够容纳六人位，流线也更加顺畅，书房的布局打破传统书房的布局，选用了躺椅和书柜的搭配，适合现代年轻人的生活习惯和品味。

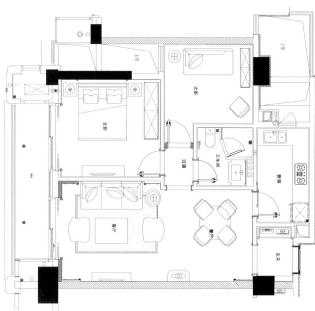

平面布置图

云路青瓷大宅
TIANLU QINGCI Villa

设计师：刘宗亚

项目名称：云路青瓷大宅"锦"主题

项目地点：云南省昆明市

项目面积：250 平方米

本案设计策划：意在借鉴各自对精致生活的理解、沉淀，为顾客打造一个私有的品质空间。

该作品为现代新古典风格，典雅、精致。与个性年轻人追求精致独立、完美主义的生活实质也十分贴切。

设计亮点：独特的椭圆型过厅，开始大美之宅之旅；精心划分的空间，宜静宜动，动静分离；空间暗位利用较多，如鞋房、厨房、视听室、卫生间。

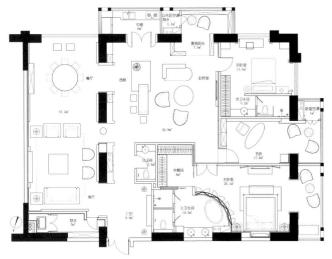

一层平面布置图

五龙山样板房
WULONGSHAN Showflat
设计单位：北京空间易想艺术设计有限公司

项目名称：成都万科五龙山 3C 户型样板房

项目地点：成都万科五龙山公园内

项目面积：460 平方米

主要材料：石材、壁纸、木、砖、皮革

　　本案运用了现代与古典的碰撞，层次丰富并且质感强烈的造型，这些造型不仅为空间划分了区域，同时又努力创建富有视觉震撼的艺术效果。时尚、前卫、个性成为本案的设计主旋律。

　　整体色调整体以黑、白色调为主，配以深蓝色，局部点缀金属材质饰品，搭配皮草面料和奢华的丝绒面料，配合金属质感的茶几，简约大气又不失精致。

　　本案别墅建筑为三层结构。一层主要为客厅、餐厅及老人房。二层主要功能为主卧室、男孩房及客房。地下一层主要功能为娱乐室、书房及影音室。

一层平面布置图

二层平面布置图

野风山样板间
YEFENGSHAN Showflat

设计师：孙洪涛

项目地点：浙江省富阳市

项目面积：350 平方米

主要材料：新古堡灰、雅士白、古木纹、灰木纹、玻龙壁布、橡木开放漆、直纹柚木拼花

本案位于浙江省杭州市富阳，设计风格为欧式古典的现代表达。

本案将古典融入到现代，简洁的图案造型加上现代的材质和工艺，古典的装饰氛围搭配现代的典雅灯具，宣泄出奢华的时尚感。

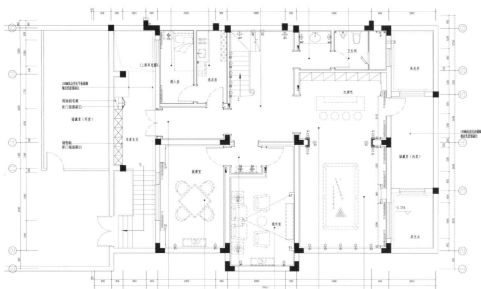

负一层平面布置图

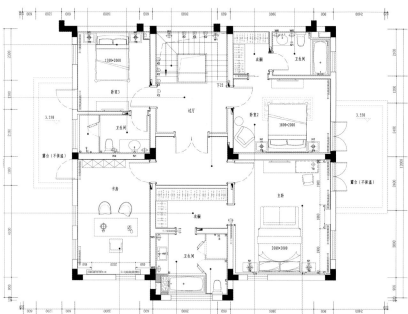

二层平面布置图

中星红庐别墅样板房
ZHONGXING HONGLU Villa
设计师：吴军宏

项目名称：上海中星红庐别墅样板房 71 号

项目地点：上海市长宁区

项目面积：1500 平方米

主要材料：爵士白大理石、鳗鱼皮、珍珠鱼皮

在风格的设定上，我们采用了古典新奢华主义风格，把欧式古典风格和现代时尚元素相结合。

在一楼我们巧妙的挤出了中西 2 个厨房和早餐区，并和餐厅起居室相连，形成了一个完整的家人就餐、休闲的场所，在起居室旁设计了一间老人房套间，方便老人的生活起居。二楼充分利用空间，缩短了走廊的面积，安排了主卧套房，次卧套房和一个起居室，空间紧凑实用。

纯正的古典装饰元素和新奢华主义风格的家俱，保留了古典的温馨浪漫和文化品味，又被赋予了强烈的时代气息，处处散发着贵族的气息和低调的奢华。

一层平面布置图

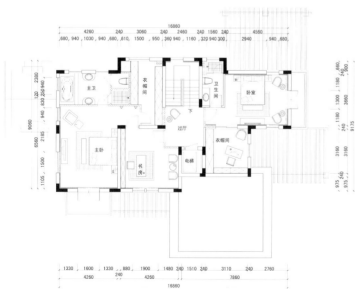

二层平面布置图

负一层平面布置图

花好月圆曲
HUAHAO YUEYUAN Villa
设计师：刘卫军

项目地点：陕西省西安市阳光城上林赋苑

项目面积：250 平方米

摄 影 师：文宗博

本案建筑风格以欧式风情为主，室内风格以风情、休闲、度假理念为主。家庭结构为夫妻加两个小孩，业主是外籍人士，常驻西安，希望拥有一处交通便利，离尘不离城的别墅，阳光、热情、有梦想是全家人的生活指向，异国故乡的风情更是主人的生活品味指向。

以欧式乡村风格为基调，取花好月圆曲作为空间意向，旨在营造出空间的闲适，惬意，突出乡村环境的恬淡与美好。以一种充满四季轮回的色彩表情，表述人与自然结合的关系，一份迷恋，一份关怀，让岁月在自然中温馨妩媚地流淌着光辉。乡村田园式的居住环境让人们充满了罗曼蒂克向往的生活。

一层平面布置图

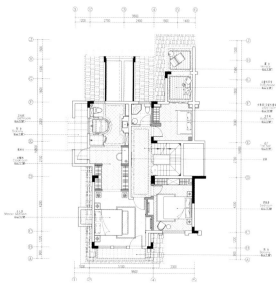

二层平面布置图

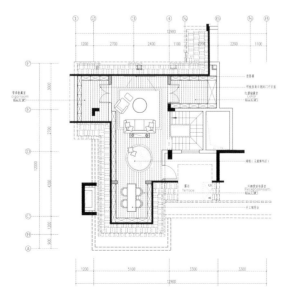

二层平面布置图

城市花园
City Garden

设计师：张之鸿

项目名称：城市花园——气质法式乡村风格

项目地点：江苏常熟

项目面积：140 平方米

法式乡村风格完全使用温馨简单的颜色及朴素的家具，以人为本、尊重自然的传统思想为设计中心，使用令人备感亲切的设计因素，创造出如沐春风般的感官效果。随意、自然、不造作的装修及摆设方式，营造出欧洲古典乡村居家生活的特质，设计重点在于拥有天然风味的装饰及大方不做作的搭配。

我们的轻法式田园之家少了一点美式田园的粗犷，少了一点英式田园的厚重和浓烈，多了一点大自然的清新，再多一点浪漫……体现了西方传统文化的优良建筑比例，经典又不失时尚，包含了西方的文化底蕴。

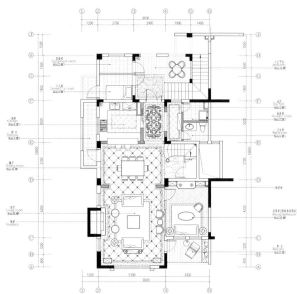

一层平面布置图

水韵长滩
SHUIYUN CHANGTAN Villa
设计师：陈立坚

项目名称：哈尔滨保利水韵长滩 W14 户型别墅

项目地点：哈尔滨

项目面积：485 平方米

主要材料：石材地面、壁纸墙面

本案营造出温馨的家居环境，展现主人随意而讲究的品质生活。W14 户型为美式田园风格，承载更多需求的美式田园风格设计。

水韵长滩 W14 户型别墅共三层：一层：门廊、玄关、车库、餐厅、客厅、红酒雪茄区、中西厨结合的早餐区；二层：电梯前厅、视听室、父母房（带独立卫生间）、小孩房（带独立卫生间）；三层：电梯前厅、主人房、主人房独立衣帽间、主人房独立卫生间、书房。

房型结构很理想，只是将各功能空间进行调整，划出新的需求功能，红酒雪茄、早餐区及书房为新添加的区域。

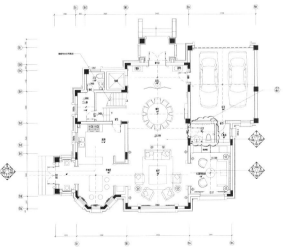

一层平面布置图

中信未来城
CITIC City of the future

设计单位：中英致造设计有限公司　设计师：赵绯

项目名称：中信未来城水岸洋房 T1 实景样板房

项目地点：四川省成都市

项目面积：200 平方米

本案立足传承片区欧式设计风格，重现经典艺术革新理念，以 ART DECO 风格设计精华贯穿全局，重塑卓尔不凡的新生代高档社区体验。

设计师选择 ART DECO 作为本次室内概念设计的风格取向，是为再现工业时代的精神，充分发挥现代建筑设计和工艺带来的空间气势，大气简洁的块面处理和细腻华丽的细部组合。选择 ART DECO 作为本次室内概念设计的风格取向，是为再现工业时代的精神，充分发挥现代建筑设计和工艺带来的空间气势，大气简洁的块面处理和细腻华丽的细部组合。

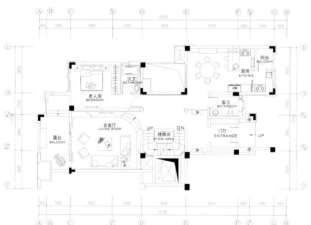

一层平面布置图

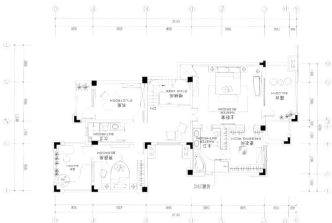

二层平面布置图

东大街样板房
East Street Showflat
设计单位：玄武设计 设计师：黄书恒

项目名称：成都宏誉地产东大街样板房

项目地点：成都东大街

项目面积：200 平方米

主要材料：超白镜酸洗、白色钢琴烤漆、大花白大理石、黑白根大理石、千层玉大理石

摄 影 师：王基守

本作品体察古典与现代交融之必然，以奔放流畅的艺术风格为基底，同时藉由空间概念的创新思考，为客户提供丰富的视觉感受，亦为古老都市的景貌，添加无限想象的可能。

繁华的地域特性，与热情狂放的现代巴洛克风格，有异曲同工之妙。设计者藉由流畅的艺术线条，与富有奢华感的视觉配置，服膺高端房产的市场氛围；更重要地是体察到当今的成都市已跃上国际舞台，城市内涵转化为中西并陈的多元形貌，本作品特地导入装饰主义之元素，利用内敛的色彩运用，收束现代巴洛克的过度豪奢，在富庶之中，透露几许质朴气息。

一层平面布置图

二层平面布置图

武汉金地 K 户型
WUHAN JINDI K Units

设计师：刘威

项目地点：武汉市南湖区

项目面积：240 平方米

主要材料：圣象地板、贝芝真石砖

摄影师：吴辉

本套住宅所针对的为高端客户群体，周边为大学城，考虑到客户需求本项目需求奢华，有文化品位的装修的装饰风格。

在风格上为法式风格，但是考虑到传统法式风格过于繁复，与都市的时尚有些背道而驰，因此本作品在风格上将传统法式与现代时尚元素相结合。在空间关系上注重家庭交流空间的营造，家庭厅，花园露台等等更加融合家庭气氛。材料选择上重视自然材料，手抓纹地板，天然石材砖，以及天然大理石的应用使这个空间感觉更加自然。

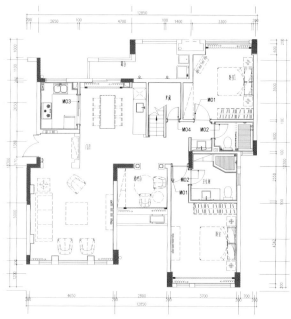

一层平面布置图

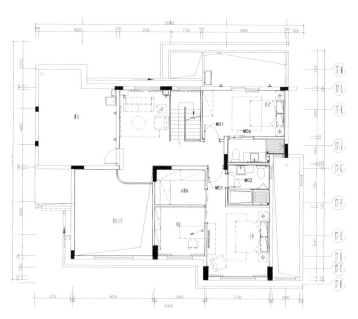

二层平面布置图

物华天宝
WUHUA TIANBAO
设计师：彭勇

项目地点：温州市物华天宝旁

项目面积：400 平方米

主要材料：东鹏进口瓷砖、安然地板、山川石材、FENDI 家具

客户非常注重生活品质，在满足豪华大气又不失内涵的基础上，设计师适当的采用了中式元素的混搭，使得原本繁琐的欧式变得简单明快，又不失时尚感。

楼梯背景突破传统的处理手法，运用水彩画的素材作了油画的肌理效果，加上个性的画框线条，雅致的墙纸装裱，并根据现场环境重新调整了色调，几种材质的完美搭配才形成了最后的亮点。

此作品的布局除了传统的客厅中空，还增加了楼梯井、休闲区的中空效果，大理石弧形楼梯的镂空效果，使得整体空间豪华气派。

一层平面布置图

长沙金地三千府
CHANGSHA JINDI SANQIANFU

设计师：陈贻、张睦晨

项目名称：长沙金地三千府二期样板间

项目地点：湖南省长沙市

项目面积：210 平方米

主要材料：阿曼米黄、咖啡金、卡佐啡、瓷砖、木地板

摄 影 师：孙翔宇

在空间设计语言中，设计师尽力营造出一种低调奢华高品质居室氛围。这里面不仅满足了空间使用者对生活和舒适度的追求，也同时体现出高尚深刻的文化品味。

整个空间将浪漫简约风格自然的流露在细节的每一处，每一根线条，每一个饰品都是设计师精心安排的，在设计上追求空间的连续性和形体变化的层次感中，让整体豁达大气，却不失精致与温和。进入空间舒适、愉悦的气氛使人感到心灵的彻底放松。似乎每一个元素都是为这个空间而生，完美融合成浪漫简约的室内空间。

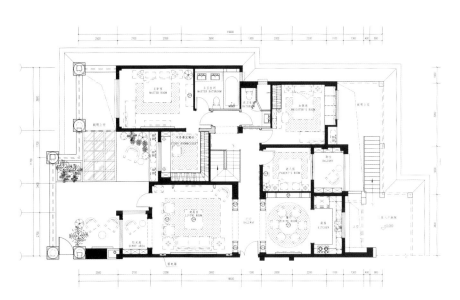

一层平面布置图

新法式奢华空间
The New French Luxury Space

设计师：蔡军

项目名称：仙华檀宫别墅样板房 N1 型

项目地点：浙江省金华市

项目面积：780 平方米

主要材料：黑金花、帝皇金石材、权木、真丝手绘壁布

摄 影 师：章勇

设计师则以"新法式奢华空间"为切入点。遥望当年法国宫廷的极尽奢靡，今时当代的国王、女皇、总统、贵族、富豪们来到巴黎还是会在那些巴黎顶级法式酒店留下萍踪。因为在纯正古典的建筑外观里面到处是传统与时尚相结合后高贵奢华的装饰，褪去旧时繁琐陈旧的装饰风格而保留其法式精髓后引入精致时尚的元素，让酒店流露出的是历史和贵族气质，洋溢着雍容气势和皇家风范，成为新贵族们的宠儿。

N1 大宅在纯粹经典的法式奢华气质中带入高端风尚元素糅合出新的非凡奢华空间典范。让尊贵而又不凡的气质，在每一处空间流转。

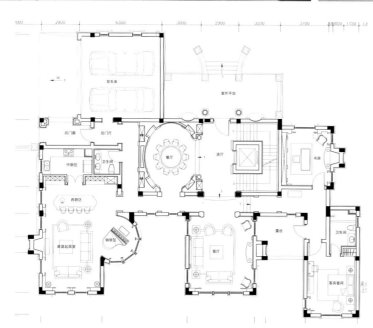

一层平面布置图

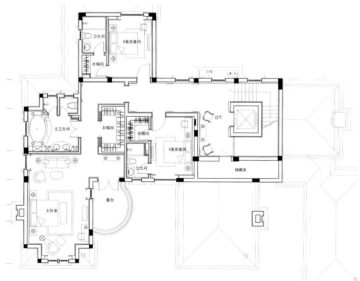

二层平面布置图

Art Deco 风格别墅
Art Deco Style Villa

设计师 蔡军

项目名称：仙华檀宫别墅样板房 N4 型

项目地点：浙江省金华市

项目面积：640 平方米

主要材料：意大利黑金花、白玉兰石材、黑檀木、权木、进口手工壁纸、真丝软包

摄 影 师：章勇

Art Deco 建筑艺术不断吸纳东西方文化精粹，持续了新古典主义中宏伟与庄严的特点，又更趋于几何感和装饰感，将古典装饰转变成了摩登艺术，显现出华贵的气息。

本案将 Art Deco 风格的摩登、奢华、舒适、雅致的设计要素渗入到每一个细节，同时让更多的传统文化图腾元素注入到设计构架中，让装饰主义与传统文化两者间的华贵气息相互碰撞，表现出装饰艺术的极致之美。以含蓄深沉的古典情怀来诠释财富和尊贵的含义，打造奢雅非凡的居住空间。

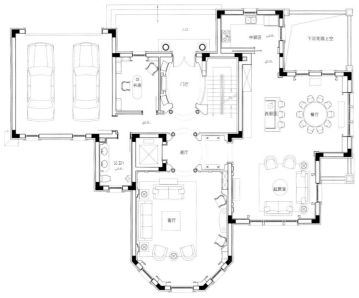

一层平面布置图

时代尊邸
SHIDAI ZUNDI VI
设计师：何毅

项目名称：九龙仓时代尊邸 30B 示范单位
项目地点：四川省成都市
项目面积：190 平方米
主要材料：大理石、墙纸、木

本案的项目风格定位为美国都市风格。

本案充盈着美式摩登的素净淡雅的米白色系空间调性，让空间拥有如画廊、展厅白色布景板般的视觉效果，映衬出室内陈设的艺术家的个人创作作品或收藏品，并方便随时更换。这便是一位美籍华裔当代知名艺术家的家。

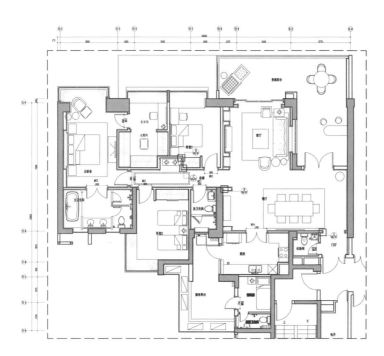

平面布置图

中星红庐
ZHONGXING HONGLU

设计师：吴军宏

项目名称：上海中星红庐别墅样板

项目地点：上海市

项目面积：942 平方米

摄 影 师：周跃东

主要材料：泛美地板、艺术墙板、米洛西石材、万事达灯饰、美邦家具

本案设计风格定位为英伦风格，针对中国高端富裕阶层，我们采用了大量深色的护墙板、不同柱式的造型和各种花式的线条及小装饰，来打造一套纯正的英式风格，力图把人们带回到 19 世纪的欧洲，去充分感受英国贵族的从容、淡定和雍容华贵。

本案一层主要以客厅、餐厅、起居室为主要功能。早餐厅、中餐厅和西餐厅围绕着西式厨房，让三者的空间更为互动。在客厅边上挖出一块空间作为起居室，即让功能得到满足，也使整体空间更为宽敞、气派。二层对主卧的更衣室作了调整，使主卧空间更为完整、开阔。另对主卫也作了调节，让空间更为豪华。

乐语青天
LE YU QINGTIAN Villa
设计师：王兴

项目名称：北京万通新新家园溪悦府
项目地址：北京顺义天竺
项目面积：365 平方米

整个户型是一栋上下三层的别墅项目。一层公共区、二层主卧区、三层老人房与儿童房，地下面积是休闲区，上下楼层设计了电梯来辅助行动。这是一个法式新古典格调与现代抽象艺术元素相结合，并伴有少量东方元素的空间。

优雅的法式经典蓝、黄色丝质布艺与抽象地毯纹样、挂画、灯具相搭配，展现了精致、细腻兼具自由、奔放的空间格调。少量东方文化元素的运用，在奢华中增添了些许大气与庄重。整体空间以蓝、黄色为主基调，使用中性的黑、白色中和空间色彩。

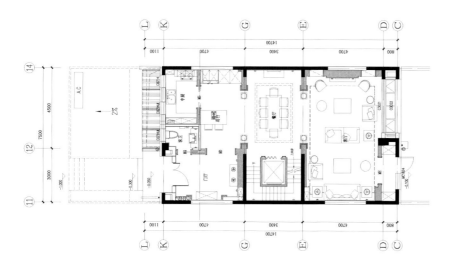

一层平面布置图

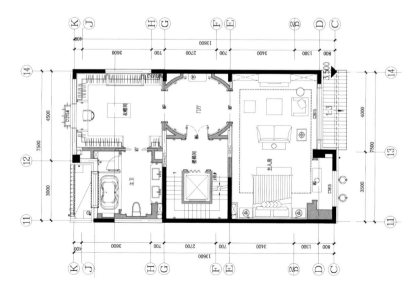

二层平面布置图

均安尚苑
JUN'AN SHANGYUAN

设计单位：广州市柏舍装饰设计有限公司 设计师：曾国强

项目名称：顺德均安尚苑 21 座 01 户型

项目地点：广东省顺德市

项目面积：160 平方米

　　本案中色调纯净，造型内敛大气，多应用木质元素以及铺贴纹理自然的石材，衬托出了风格主题的同时又不失别致，体现出现代欧式风格，呈现的则是一片清新，典雅的轻松空间，每一处在设计上都以现代欧式相结合互相衬托彼此的特点。

　　整个墙面只铺贴了白色的橡木饰线及木饰面，细致轻巧的欧式比例纯净而不张扬，符合现代生活的品味，地面新颖的石材地花拼贴给整个空间增加了灵动的元素，同时与纯净的墙面壁形成主次合宜的配搭，亮眼处用欧式的画框结合抽象的英文背景墙形体，加上造型简洁大方的沙发构成了一个典型的欧洲世界。

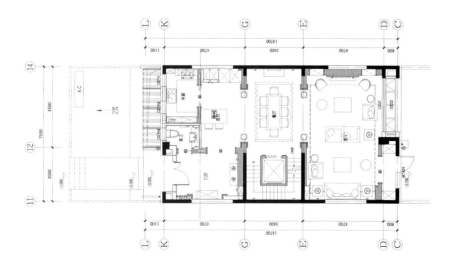

一层平面布置图

望今缘
Wang Jinyuan Villa

设计单位：天坊室内计划有限公司　设计师：张清平

项目地点：四川省成都市

项目面积：490 平方米

主要材料：大理石、镀钛板、不锈钢、黑铁粉体烤漆、金银漆、贝格漆、黑檀木皮钢烤、花梨木皮钢烤、柚木实木冲砂板、橡木染黑、贝壳壁纸、灰镜、茶镜、木地板、竹地板

望今缘以东方蒙太奇设计手法打造，把坚持与创新都放在传统上，在设计上，有东、西方世界都熟悉的老灵魂。东方蒙太奇，解构东方文化的精粹，将古代智慧现代化，并将西方设计 ArtDeco 的美学中国化，以中西合璧国际化，带来新的感动与新的希望。

过厅廊道的设计，不仅与主体建筑的体量相呼应，更突出豪宅本身的无法一眼望穿的宏伟气派。主卧房作为豪宅主人独享的私密性生活空间，是所有功能空间的重中之重。主客人用房分离，以显出尊贵性在望今缘中体现得更加充分，设计重点是以布局最大程度地避免相互间的干扰。

平面布置图